EXAMEN CHIMIQUE

DE LA COCHENILLE

ET DE SA MATIÈRE COLORANTE;

Par M. PELLETIER, *Professeur à l'École de Pharmacie.*

Et M. CAVENTOU, *Pharmacien à l'Hôpital St.-Antoine.*

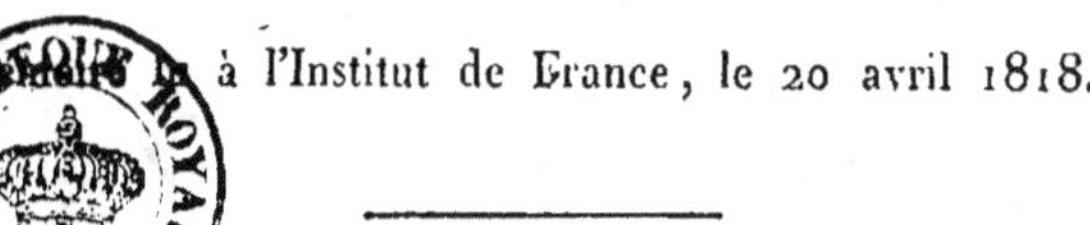

Mémoire lu à l'Institut de France, le 20 avril 1818.

Lorsque nous avons commencé notre travail sur la cochenille, il n'existait aucune analyse connue de cette substance précieuse, et personne n'avait tenté d'isoler son principe colorant ; on ignorait entièrement quelles seraient les propriétés de ce principe, lorsqu'il aurait été débarrassé des matières étrangères qui l'accompagnent et qui se fixent avec lui dans les bains de teinture et la préparation du carmin.

Depuis cette époque, nous avons vu, dans la traduction des tableaux chimiques du règne animal par Jonh, que ce chimiste avait fait une analyse de la cochenille ; mais les résultats de son travail se trouvant entièrement différens de ceux que nous avions obtenus, ce ne fut pour nous qu'un motif de répéter nos expériences. Nous ne tardâmes pas à être convaincus que M. John n'avait pas isolé parfaitement les principes immédiats que l'on trouve dans la cochenille, et que la matière colorante qu'il avait extraite, et à laquelle il assigne des propriétés qui ne lui appartiennent pas quand elle est pure, n'était qu'un mélange de deux principes que nous avions isolés.

Notre opinion d'ailleurs, parait être celle du savant rédacteur des articles de chimie dans le nouveau dictionnaire des sciences naturelles, rédigé par MM. les professeurs du Jardin du Roi ; l'auteur de l'article cochenille, s'exprime ainsi dans cet ouvrage : *On n'a pas encore obtenu le principe colorant de la cochenille à l'état de pureté.*

Nous nous occupons uniquement ici de la cochenille mestèque (*coccus cacti*). Mais nous donnerons, à la suite de ce mémoire, quelques expériences faites sur d'autres espèces de cochenille.

Action de l'éther sulfurique sur la cochenille.

Nous avons d'abord traité la cochenille par l'éther sulfurique parfaitement rectifié, en élevant la température jusqu'au degré de l'ébullition de l'éther ; ce liquide s'est coloré en jaune doré. Nous avons continué de traiter la cochenille par de nouvelles quantités d'éther, jusqu'à ce que celui-ci eût entièrement cessé d'agir sur la matière soumise à son action ; les teintures éthérées ont alors été réunies et, par leur évaporation au bain-marie, nous avons obtenu une matière grasse d'un jaune doré.

Dans une autre opération, ayant employé de l'éther moins rectifié, la matière grasse retirée de la cochenille avait une couleur orangée beaucoup plus forte. Nous aurons occasion de revenir plus bas sur cette matière grasse, qui est elle-même composée de plusieurs principes que nous sommes parvenus à isoler.

Action de l'alcohol sur la cochenille.

La cochenille épuisée par l'éther sulfurique, a été traitée par l'alcohol à 40 degrés, et nous n'avons pas tardé à nous apercevoir que l'alcohol avait d'autant moins d'action sur la cochenille, qu'il était plus rectifié ; aussi, après trente décoctions dans l'alcohol, décoctions opérées en employant le digesteur de M. Chevreul, la cochenille était-elle encore très-colorée, quoique l'alcohol eût cessé d'avoir sur elle une action sensible.

Les premières liqueurs alcoholiques étaient d'un rouge foncé tirant sur le jaune ; en refroidissant elles laissaient déposer une matière grenue ; par l'évaporation spontanée, cette matière d'une très-belle couleur rouge, se séparait en prenant encore plus l'apparence cristalline. Ces espèces de cristaux se dissolvaient entièrement dans l'eau, qu'ils coloraient en rouge jaunâtre ; traités par l'alcohol, très-fort et à froid, ils se redissolvaient en abandonnant une matière brunâtre très-animalisée, sur laquelle nous reviendrons plus bas, parce que nous retrouverons cette matière en plus grande abondance dans les décoctions aqueuses de la cochenille préalablement épuisée par l'éther et l'alcohol.

La dissolution alcoholique de ces cristaux ainsi dépouillés de matière animalisée, est encore susceptible de donner ce sédiment cristallin dont nous avons parlé. Dans cet état, quoique privés de matière animalisée, surtout lorsqu'ils ont été redissous et obtenus de nouveau, ces cristaux ne présentent pas encore la matière colorante pure, ainsi que nous l'avions d'abord cru. En effet, si on traite cette matière par l'éther sulfurique, une partie se dissout en colorant l'éther en jaune orangé, et ce n'est qu'après que l'éther a cessé d'avoir de l'action sur la masse et qu'il en sort incolore, qu'on peut regarder la substance qui refuse de se dissoudre dans l'éther, comme le principe colorant, sinon encore parfaitement pur, du moins très-rapproché de l'état de pureté.

La matière soluble dans l'éther et retirée des cristaux colorés, a été obtenue par l'évaporation. Nous avons reconnu qu'elle n'était pas absolument semblable à la matière grasse dont nous avons parlé plus haut, mais presque entièrement formée d'un des principes constituans cristallisables de cette matière grasse, et d'une petite quantité de matière colorante.

Il était donc évident que le principe colorant de la cochenille, insoluble par lui-même dans l'éther, pouvait être dissous en petite quantité par ce liquide, à la faveur de la matière grasse cristallisable; tandis que celle-ci devenait d'autant moins soluble dans l'éther, qu'elle se trouvait enveloppée et défendue par une quantité proportionnellement plus grande de principe colorant. Ces réflexions nous ont amenés à tenter l'expérience suivante, dans l'espoir de parvenir à dépouiller entièrement la matière colorante de toute particule de matière grasse. Nous avons fait dissoudre une certaine quantité de nos cristaux colorés dans de l'alcohol très-fort, et nous avons ajouté une quantité d'éther sulfurique, égale à celle de l'alcohol employé; le mélange s'est troublé, et au bout de quelques jours il était redevenu parfaitement clair; il était coloré en rouge tirant fortement au jaune; mais une grande partie du principe colorant s'était déposée dans le fond du vase, et formait une incrustation d'un rouge pourpre magnifique. Cette matière traitée par l'éther, n'abandonnait plus aucun principe; et les propriétés que nous exposerons dans un instant, nous portent à la considérer comme le principe colorant de la cochenille à l'état de pureté.

En ajoutant de nouvelles portions d'éther, dans la liqueur décantée, on pouvait encore précipiter une certaine quantité de matière colorante.

Les teintures alcoholiques dans lesquelles s'étaient formés les premiers cristaux, ont été évaporées à siccité au bain marie; et la matière colorée qu'on a obtenue, traitée par des moyens analogues aux précédens, nous a aussi donné de la matière grasse cristallisable, et du principe colorant.

Du principe colorant de la cochenille.

Avant de continuer l'analyse de la cochenille, nous croyons devoir rapporter ici les principales propriétés de son principe colorant, parce que ces propriétés une fois connues, nous pourrons présenter avec plus de clarté et de précision les autres résultats de notre travail.

Le principe colorant de la cochenille, obtenu par le procédé que nous avons indiqué, est d'un rouge pourpre très-éclatant ; il adhère avec force aux parois des vases sur lesquels il s'est attaché ; il a un aspect grenu et comme cristallin, cependant, bien différent de ces cristaux composés dont nous avons parlé déjà ; il ne s'altère pas à l'air, et n'en attire pas sensiblement l'humidité. Exposé à l'action du calorique, il se fond à environ 5o degrés centigrades ; en élevant la température, il se boursoufle, se décompose, en produisant du gaz hydrogène carboné, beaucoup d'huile, et une petite quantité d'eau très-légèrement acide. Nous n'avons pas trouvé de trace d'ammoniaque dans les produits.

Le principe colorant de la cochenille est très-soluble dans l'eau ; par l'évaporation la liqueur prend l'apparence de sirop, mais ne donne jamais de cristaux.

La matière colorante de la cochenille, en se dissolvant dans l'eau, communique à ce liquide une couleur d'un beau rouge tirant sur le cramoisi. Il ne faut qu'une quantité presque impondérable de matière colorante, pour donner une teinte sensible à une masse d'eau assez forte. L'alcohol dissout la matière colorante, mais, comme nous l'avons déjà dit, plus il est rectifié, moins sa faculté dissolvante est forte.

L'éther sulfurique ne dissout point le principe colorant de la cochenille ; les acides faibles le dissolvent, mais l'eau seule qu'ils contiennent pourrait opérer cet effet : aucun ne le précipite quand il est pur. Nous espérons démontrer, ci-après, que, par un effet bien digne d'être observé, ce même principe colorant est précipité par tous les acides, quand il est accompagné de la matière animale de la cochenille.

Si les acides ne précipitent pas la matière colorante de la cochenille, ils exercent sur elle une autre sorte d'action, car ils produisent tous un changement bien sensible dans la teinte de sa couleur, qui de rouge légèrement cramoisi, passe au rouge vif, puis au rouge jaunâtre et enfin au jaune. Lorsque les acides ne sont pas très-concentrés, la matière colorante n'est pas altérée dans sa composition, car en saturant l'acide par une base salifiable, on rétablit la couleur primitive lorsqu'on ne dépasse pas le point de saturation.

L'acide sulfurique concentré détruit et charbonne la matière colorante ; l'acide muriatique la décompose sans la charbonner, et la change en une substance amère, jaune, qui n'a plus aucune des propriétés de la matière colorante primitive. L'action de l'acide nitrique est encore plus rapide. On obtient de plus, avec ce dernier acide, quelques cristaux en aiguilles, ressemblant à de l'acide oxalique, mais ces cristaux ne précipitent pas l'eau de chaux, même aiguisée d'ammoniaque ; nous en avons obtenu trop peu pour pouvoir déterminer leur nature.

Le chlore agit avec énergie sur la matière colorante de la cochenille, fait passer sa teinte au jaune, et la détruit tout-à-fait. Il ne produit pas de précipité dans sa dissolution, si elle ne contient pas de matière animale. Le chlore est donc un réactif utile pour reconnaître la matière animale dans le principe colorant.

L'iode agit à la manière du chlore, mais son effet paraît moins rapide ; les alcalis versés dans une solution du principe colorant de la cochenille, font virer sa couleur au violet cramoisi ; si l'on sature de suite l'alcali, la couleur se rétablit, et l'on peut obtenir la matière colorante sans altération remarquable dans ses principales propriétés. Il paraît cependant qu'elle a éprouvé quelques modifications, car lorsqu'on la met ensuite en contact avec des corps qui sont susceptibles de réagir sur elle, on obtient des résultats un peu différens de ceux qu'aurait fournis la matière colorante avant d'avoir subi l'action de l'alcali. Si, au lieu de soustraire promptement la matière colorante à l'action de l'alcali, on augmente cette action par l'élévation de température, ou bien par le laps du temps, la couleur violette se dissipe et la couleur repasse au rouge, puis au jaune ; alors la matière colorante est totalement altérée. En effet si on la met en contact avec quelques sels métalliques susceptibles de former avec elle des combinaisons insolubles, on obtient des précipités qui diffèrent totalement de ceux que produit avec les mêmes sels la matière colorante qui n'a pas éprouvé l'action de l'alcali.

Comme nous n'avons pas encore parlé de la manière dont les sels agissent sur le principe colorant, nous nous bornerons ici à faire mention de cette altération de la matière colorante par suite de l'action des alcalis, et nous entrerons plus loin dans quelques détails sur ce sujet.

La solution aqueuse de chaux produit un précipité violet avec la matière colorante de la cochenille. La baryte et la strontiane ne produisent pas de précipité dans les liqueurs qui contiennent la matière colorante, mais font virer la couleur au cramoisi violet, à la manière des alcalis. L'affinité de l'alumine pour le principe colorant, est des plus remarquables. Si on met de l'alumine nouvellement précipitée dans une solution aqueuse de ce principe, il est sur-le-champ entraîné par l'alumine ; l'eau se décolore, et on obtient une laque d'un très-beau rouge, si l'on agit à la température de l'atmosphère ; mais si on échauffe la liqueur au milieu de laquelle la laque se forme, la couleur passe au cramoisi, et la teinte devient de plus en plus violette, à mesure que la température s'élève et que l'ébullition continue.

On peut aussi, au moyen de l'alumine en gelée, décolorer entièrement une teinture alcoholique, même à froid ; en élevant la température, la laque tend aussi à passer au violet ; mais cet effet est beaucoup moins sensible avec l'alcohol qu'avec l'eau, peut-être parce que la température, dans ce cas, ne peut s'élever aussi haut, ou parce que l'action de l'alumine sur le principe colorant, s'exerce moins par l'intermède de l'alcohol que par l'intermède de l'eau.

Si, avant d'ajouter l'alumine à la solution aqueuse du prin

cipe colorant, on y verse quelques gouttes d'un acide, la laque qu'on obtient est d'abord d'un rouge éclatant; mais par la moindre chaleur elle passe au violet; on produit le même effet, en mettant dans la solution du principe colorant quelques grains d'un sel alumineux. Si, au contraire, on ajoute au principe colorant une petite quantité d'alcali, potasse, soude, ou ammoniaque, ou un sous-carbonate alcalin, et qu'ensuite on délaie dans la solution de l'alumine en gelée, aussitôt la liqueur qui, par l'effet de l'alcali, était devenue violette, repasse de suite au rouge, par la formation d'une laque qui ne tarde pas à se précipiter. Dans ce cas, on peut long-temps faire bouillir le mélange sans que la laque passe sensiblement au violet; on ne peut même rétablir entièrement cette propriété par la saturation de l'alcali, surtout si l'action de celui-ci a été un peu prolongée. Ces faits constans pourront servir à expliquer plusieurs phénomènes qu'on a observés dans les opérations de teinture en écarlate ou en cramoisi.

L'action des sels sur la matière colorante de la cochenille a fixé toute notre attention : nous allons présenter les principaux résultats de nos expériences.

La plupart des sels ont, sur la matière colorante de la cochenille, une action marquée par les changemens qu'ils produisent dans la teinte de sa couleur; mais il n'en est qu'un petit nombre susceptible de la précipiter, quand elle est à l'état de pureté parfaite (1).

Les sels d'or ne produisent pas de précipité dans la solution de matière colorante, mais ils l'altèrent sensiblement;

---

(1) Dans la deuxième partie de ce mémoire, nous rapporterons, d'après le beau *Traité de la Teinture* de M. le comte Berthollet, et d'après nos expériences particulières, l'action qu'exercent les sels sur la décoction de cochenille. Nous exposerons alors les causes des différences qu'on observe en agissant sur le principe colorant pur, et sur le même corps uni aux divers autres principes que l'eau peut enlever à la cochenille par l'action du calorique.

le nitrate d'argent n'a pas, au contraire, d'action marquée sur elle, il ne la précipite pas et n'altère pas la teinte de sa couleur. Les sels de plomb neutres et solubles font passer au violet la couleur du principe colorant de la cochenille, et l'acétate de plomb détermine sur-le-champ un précipité abondant. Le précipité peut avoir lieu et conserver sa teinte violette au milieu d'une liqueur rendue sensiblement acide par un excès d'acide acétique ; seulement une partie de la combinaison de l'oxide et de la matière colorante, reste en dissolution dans la liqueur, qui, alors, est de couleur cramoisie. La couleur du précipité formé par l'acétate de plomb, dans une solution de matière colorante, semble rapprocher cet oxide des substances alcalines, qui toutes produisent le même changement dans la teinte de la matière colorante ; mais il est remarquable que cette couleur puisse se manifester au milieu d'une liqueur acide. On peut, par un courant de gaz hydrogène sulfuré, décomposer cette combinaison, et alors on obtient la matière colorante à l'état de pureté.

Le protonitrate de mercure produit, dans la solution de matière colorante, un précipité violet ; le précipité est cramoisi et moins abondant, si le protonitrate de mercure est avec excès d'acide.

Le deutonitrate de mercure précipite moins facilement la matière colorante, et le précipité est d'un rouge écarlate.

Le deutochlorure de mercure en solution ne produit pas de changement dans la matière colorante.

Les sels de cuivre ne produisent pas de précipitation dans la solution de matière colorante, mais ils font virer la couleur au violet ; les sels de fer donnent une teinte brunâtre, sans produire de précipité.

Les sels d'étain ont, sur la matière colorante de la cochenille, une action remarquable ; l'hydrochlorate de protoxide d'étain forme dans la liqueur un précipité violet très-abondant : ce précipité tire au cramoisi, si le sel contient un excès d'acide. L'hydrochlorate de deutoxide d'étain ne produit pas de précipité, mais fait passer la couleur au rouge écarlate; si alors on ajoute de l'alumine en gelée on a un précipité d'un beau rouge, et qui, par l'ébullition, ne tourne pas au cramoisi.

Les sels de chaux, de baryte, de strontiane parfaitement saturés, font également virer au violet le principe colorant de la cochenille; mais on n'obtient de précipité qu'avec le sulfate de chaux, probablement parce que ce sel est avec excès de base; car un excès d'acide sulfurique empêche toute précipitation.

Les sels alumineux, même légèrement acidulés, font virer la couleur du principe colorant au cramoisi, surtout à l'aide de la chaleur; aucun ne produit de précipité dans sa solution; ils s'opposent même à la précipitation de la matière colorante par l'alumine, dont il faut mettre alors un grand excès pour décolorer une liqueur teinte par la cochenille; dans ce cas, on obtient toujours des laques cramoisies ou même violettes.

Les sels de potasse, de soude et d'ammoniaque à l'état neutre, font tous plus ou moins virer au cramoisi; la couleur se met en principe colorant, mais aucun n'y produit de précipité.

Les sels alcalins avec excès d'acide, tels que le suroxalate et le surtartrate de potasse, font passer la couleur au rouge écarlate; mais il n'y a non plus de précipitation dans ce cas.

S'il nous était maintenant permis de tirer quelques conséquences des observations précédentes, nous établirions en principe, 1°. que les métaux susceptibles de plusieurs degrés d'oxygénation, agissent comme les acides, lorsqu'ils sont au maximum d'oxygénation, et comme alcalis, lorsqu'ils n'ont pas atteint le plus haut degré d'oxidation auquel ils peuvent parvenir : nous remarquerons que les alcalis sont eux-mêmes des oxides métalliques, au minimum ou au médium d'oxidation; 2°. que cette influence alcaline de

certains oxides peut s'exercer au milieu d'une liqueur acide, lorsque ces oxides sont susceptibles de former avec le
principe colorant une combinaison insoluble, tandis qu'elle
est totalement détruite par l'excès d'acide, lorsque l'oxide
ne produit, comme la soude et la potasse, que des combinaisons solubles (1).

L'action des sels alumineux ne s'accorde cependant pas
entièrement avec cette théorie ; pour l'y rapporter, il fau-
drait supposer que dans ses solutions acides, l'aluminium
n'est pas au plus haut degré d'oxidation possible. Mais les
métaux de la première section sont encore trop peu connus
dans leur rapport avec l'oxigène, pour que l'action de leurs
oxides puisse conserver ou détruire les principes que nous
avons établis.

Nous avons fait quelques expériences pour reconnaître
l'action des matières végétales et animales, sur le principe
colorant qui nous occupe. Nous n'avons vu que ceux des principes immédiats des deux règnes, dans lesquels l'oxigène
est prédominant ; c'est-à-dire, les acides ont tous, plus ou
moins, la propriété de faire passer au rouge jaunâtre la matière colorante de la cochenille, mais aucun né la précipite
de sa solution aqueuse ou alcoholique. L'acide acétique peut
même être regardé comme un bon dissolvant de la matière
colorante. Ayant déjà parlé de l'action du tartrate et de l'oxalate acidulés de potasse sur la matière colorante, nous ne
croyons pas devoir y revenir. Les principes immédiats des
végétaux et des animaux, dans lesquels l'hydrogène est prédominant, sont peu susceptibles de dissoudre la matière
colorante. Les éthers, les huiles fixes et volatiles ne la dissolvent pas : elle se divise dans les graisses, mais en tenant
quelque temps celles-ci fondues au bain-marie, le principe
colorant se sépare.

____

(1) Dans son Mémoire sur l'hématine, M. Chevreul a déjà admis l'al-
calinité du protoxide d'étain (Annales de Chimie, tom LXXXI).

L'alcohol dissout, il est vrai, le principe colorant de la cochenille, mais nous avons déjà vu que cette propriété devenait d'autant plus faible, que lui-même était plus rectifié. Les substances dans lesquelles l'oxigène et l'hydrogène se saturent réciproquement, paraissent avoir peu d'action sur le principe colorant de la cochenille. Nous avons cependant remarqué que quelques matières animales paraissaient avoir quelque action sur lui : l'albumine, la gelatine, semblent faire virer sa teinte au cramoisi; et lorqu'on vient à précipiter les substances par des moyens appropriés, elles entraînent toujours une partie du principe colorant. Avant de quitter ce qui concerne l'action des principes immédiats sur la matière colorante de la cochenille, nous avons été curieux d'examiner comment agirait la morphine. A cet effet, nous avons ajouté à une solution de principe colorant très-pur, quelques grains de morphine dissous dans de l'alcohol. La couleur de la liqueur a de suite pris une teinte amarante très-marquée ; en ajoutant dans la liqueur de l'alumine en gelée, nous avons obtenu une laque rose qui n'a pas pris de teinte violette par l'action du calorique. D'un autre côté, nous avons ajouté de la morphine pulvérisée dans une solution de principe colorant, *écarlatisé* par l'acide muriatique; bientôt la couleur primitive s'est rétablie, et a passé à l'amaranthe et même au cramoisi.

Ces expériences avec la morphine prouvent que cette matière, qui agit à la manière des alcalis, sur les substances minérales, ne cesse pas de jouer le même rôle lorsqu'on la fait agir sur des matières végétales.

Les substances végétales connues sous le nom de tanin, de matières astringentes, ne forment pas de précipités dans la matière colorante de la cochenille, etc.

Les propriétés du principe colorant de la cochenille, et surtout les produits qu'il fournit par la distillation à feu nu, nous faisaient présumer de la nature de ses élémens; pour les connaître avec exactitude, nous avons fait un mélange

d'une partie de matière colorante pure et de cent de deutoxide de cuivre. Le tout a été distillé avec les précautions
convenables, dans l'appareil de Berzélius, et nous avons
obtenu un gaz formé de 98 parties d'acide carbonique, et
de deux d'hydrogène. L'expérience, répétée plusieurs fois,
n'a jamais donné de quantité sensible de gaz azote.

Nous avons soumis à la même épreuve, de la matière colorante précipitée par l'acétate de plomb, et nous avons obtenu sensiblement les mêmes résultats.

En comparant ces résultats avec ceux obtenus par la distillation de la matière colorante a feu nu, nous pouvons établir que cette substance est formée d'oxygène, d'hydrogène
et de carbone, que l'hydrogène y prédomine, et qu'elle ne
contient pas d'azote.

En réfléchissant sur toutes les propriétés de la matière
colorante de la cochenille, en la comparant à tous les principes immédiats, végétaux et animaux, nous ne pouvons
nous dispenser de la considérer elle-même comme un principe immédiat, distinct et bien caractérisé ; nous croyons,
comme tel, devoir le désigner par un nom qui lui soit propre ;
nous basarderons de proposer celui de *carmine*, parce que
cette matière fait, comme nous le dirons plus bas, la base
du carmin, et que tout autre nom serait, ou moins harmo-
nieux, ou susceptible de donner des idées fausses sur cette
matière. Quoi qu'il en soit, nous nous servirons souvent de ce
nom dans le courant de ce mémoire, pour éviter des péri-
phrases ou des répétitions. Après avoir exposé les principales propriétés de la carmine ou principe colorant de la
cochenille, nous allons continuer l'examen analytique de cet
insecte.

De l'action de l'eau sur la cochenille, traitée par l'éther et
l'alcohol.

Nous revenons à l'examen de la cochenille elle-même, et
nous le reprenons au moment où celle-ci vient de subir

une dernière décoction dans l'alcohol, auquel elle ne cède plus sensiblement de principe colorant; dans cet état la cochenille est encore colorée; traitée par l'eau, elle donne une décoction de couleur rouge tirant sur le cramoisi.

On a continué les décoctions jusqu'à ce que la cochenille eût entièrement cessé de fournir du principe colorant à l'eau de digestion; pour ces différentes opérations, on a continué d'employer le digesteur perfectionné.

Après un certain nombre de décoctions, il ne restait qu'une matière translucide, gélatineuse, brunâtre; quelques parties seulement étaient parfaitement blanches, insolubles dans l'eau froide, n'abandonnant à l'eau bouillante qu'une portion de leur propre substance sans trace de principe colorant. Nous reviendrons tout à l'heure sur cette matière. Les premières décoctions étaient donc, comme nous venons de le dire, extrêmement colorées; les dernières étaient incolores; celles-ci, par l'évaporation ont donné de la matière animale semblable à celle qui n'avait pas été dissoute. Les décoctions colorées ont donné également une matière écailleuse, mais colorée en rouge violâtre; celle-ci, traitée par l'alcohol bouillant, a fourni du principe colorant et de la matière grasse; une petite quantité de matière animale s'est aussi dissoute dans l'alcohol. L'eau avait donc agi sur la cochenille, en lui enlevant les dernières portions de matière colorante et de matière grasse, et en dissolvant une partie de la matière animale, qui sont comme la base ou le squelette de cet insecte. Nous allons nous occuper des propriétés de cette matière.

De la matière animale de la cochenille.

La matière animale, obtenue comme nous venons de l'indiquer, est blanche ou brunâtre, translucide; exposée à une chaleur douce, elle se dessèche, se racornit, et alors est susceptible de se conserver; abandonnée, au contraire, dans un lieu humide, elle se décompose en répandant une odeur nauséabonde. Exposée à l'action du feu, après s'être

desséchée et racornie, elle se ramollit sans se fondre, se boursoufle, se décompose en répandant une odeur très-fétide, fournit tous les produits des matières animalisées, et notamment
une quantité considérable de carbonate d'ammoniaque. La
matière animale de la cochenille est fort peu soluble dans l'eau.
Il faut plusieurs heures d'ébullition pour en dissoudre une
quantité notable, mais alors l'eau est jaunâtre, elle mousse
par l'agitation; abandonnée à elle-même, elle se putréfie avec
une très-grande facilité. Cette décoction évaporée à siccité
avant sa putréfaction, donne des membranes transparentes
qui se redissolvent dans l'eau avec plus de facilité.

La matière animale de la cochenille semble d'abord
avoir de l'analogie avec la gélatine, cependant elle en diffère
beaucoup par l'ensemble de ses propriétés; en effet, si dans
une de ses solutions aqueuses on verse de l'alcohol par parties égales, il ne se fait de précipité qu'au bout de quelques
heures; la gélatine donne sur-le-champ un précipité : tous
les acides, sans exception, précipitent la matière animale de
la cochenille sous forme de flocons blanchâtres, qui, pour
se redissoudre, demandent un très-grand excès d'acide.
Dans la gélatine, les acides ne forment pas de précipité.

La chlore précipite abondamment la matière animale
de la cochenille; mais l'iode n'y produit aucun changement
sensible dans sa solution. L'ammoniaque favorise la dissolution de la matière animale de la cochenille dans l'eau ;
mais son action dissolvante n'est pas comparable à celle
qu'exercent la potasse et la soude. Ces alcalis donnent à l'eau
la propriété de la dissoudre avec abondance, et cette dissolution a lieu sans dégagement d'ammoniaque ; aussi, par la
saturation de l'alcali, on peut obtenir de nouveau la matière
animale ; mais si on dépasse le point de saturation, alors il
se forme, entre l'acide et la matière animale, une combinaison insoluble.

Tous les sels avec excès d'acide précipitent la matière animale, et sont ramenés à l'état neutre. Le précipité est formé

par la combinaison de l'acide en excès et de la matière animale ; mais beaucoup de sels neutres sont aussi décomposés par la matière animale, et on obtient des précipités
formés de matière animale, d'oxide métallique et de l'acide
qui lui était combiné : telle est la manière d'agir des sels de
plomb, de cuivre, d'étain, etc. Le nitrate d'argent jouit
également de cette propriété ; et comme ce sel ne précipite
pas la matière colorante de la cochenille, tandis qu'il est
très-sensible pour la matière animale, c'est un bon réactif
pour reconnaître la pureté de la carmine.

Toutes les fois cependant que la carmine est unie à la matière animale, et qu'on vient à précipiter celle-ci par un
acide ou par un sel métallique, une certaine quantité de
carmine est entraînée par la matière animale et se précipite
avec elle. La matière colorante de la cochenille obtenue par
John, semble donc être un mélange de carmine et de matière animale, puisqu'il lui donne pour caractère d'être précipitée par tous les acides.

L'expérience suivante prouve d'une manière péremptoire,
que la carmine doit à la matière animale la propriété d'être
précipitée par les acides et par certains sels qui n'ont pas
d'action sur elle quand elle est pure.

On a versé dans une décoction de cochenille de la solution de nitrate d'argent, jusqu'à ce qu'il ne se fît plus de
précipité. Celui-ci recueilli et desséché, a été distillé avec
du deutoxide de cuivre ; on a obtenu, par ce moyen, une
grande quantité de gaz azote. La décoction de cochenille qui
ne précipitait plus par le nitrate d'argent, a été mêlée au
sous-acétate de plomb. On a obtenu un nouveau précipité,
parce que la carmine est susceptible, comme on le sait,
d'être précipitée par l'acétate de plomb ; la combinaison
desséchée a été distillée avec du deutoxide de cuivre ; et,
dans ce cas, on a obtenu un gaz qui ne contenait que des
traces d'azote.

La noix de galle fait des précipités dans les liqueurs qui

contiennent de la matière animale de la cochenille ; cependant ces précipités sont très-légers , et ne se forment qu'au bout de quelques heures : ce qui provient probablement de la petite quantité de matière animale tenue en solution.

A quelle substance connue rapporterons-nous la matière animale de la cochenille ? nous avons vu en quoi elle diffère de la gélatine ; on ne peut la comparer, ni à la fibrine , ni à l'albumine ; coagulable par la chaleur, elle a encore moins de rapport avec d'autres substances qu'il est inutile de citer. Est-ce du mucus ? mais le mucus ne peut être une matière constituant la partie la plus solide et la plus abondante d'un animal ; d'ailleurs, selon Bostock, le mucus ne précipite , ni par la noix de galle , ni par le deuto-chlorure de mercure. Quoi qu'il en soit, il est probable que cette matière , qui est comme la chair de la cochenille, n'appartient pas à ce seul insecte , et qu'on la rencontrera dans plusieurs autres espèces de cette classe d'animaux : on pourra alors mieux connaître ses propriétés et s'assurer si celles que nous lui avons reconnues sont constantes ; il sera temps alors de la distinguer, s'il est nécessaire , par un nom particulier. Contentons-nous , dans ce moment, de la signaler aux chimistes qui s'occupent de l'analyse des matières animales.

De la matière grasse de la cochenille et de l'acide qu'elle contient.

L'un des premiers produits obtenus dans l'analyse de la cochenille , était une matière grasse que l'éther avait dissoute ; nous avions mis de côté ce produit pour nous occuper de la recherche du principe colorant ; c'est maintenant l'instant d'y revenir.

La matière grasse obtenue par l'évaporation des teintures éthérées était d'un jaune orangé ; les premières teintures donnaient une matière grasse plus colorée et d'une couleur rougeâtre qui provenait d'une certaine quantité de carmine que la matière grasse avait entraînée. La matière grasse était odorante, son odeur était celle qui se développe lorsqu'on prépare des décoctions de cochenille. Elle avait une saveur légèrement styptique ; elle rougissait d'une manière très-sensible le papier teint avec le tournesol; des lavages réitérés plusieurs fois à l'eau froide n'ont pu lui ôter cette propriété. Cependant les eaux de lavage étaient légèrement colorés en jaune et rougissaient faiblement, il est vrai, la teinture de tournesol.

Plusieurs essais préliminaires et qu'il est inutile de rapporter, nous ayant donné des idées sur la composition de cette matière grasse, nous l'avons traitée de la manière suivante, dans l'intention d'obtenir à part chacune des substances dont elle nous paraissait être composée. Nous l'avons fait dissoudre à chaud dans de l'alcohol absolu; par le refroidissement de la liqueur nous avons obtenu une grande quantité de matière cristalline nacrée, d'un blanc rosâtre parsemé de points rouges.

Cette matière a été redissoute de nouveau dans l'alcohol bouillant, en filtrant la liqueur ; la plus grande partie de la matière colorante est restée sur le filtre ou dans son intérieur, et par le refroidissement la matière cristalline s'est précipitée; elle était beaucoup plus blanche alors, et par une troisième purification on l'a obtenue sans couleur.

Elle n'avait alors ni odeur, ni saveur; elle était insoluble dans l'eau et dans l'alcohol à froid; elle se dissolvait dans l'éther, entrait en fusion à 4o degrés centigrades, et formait avec les alcalis des savons bien caractérisés; cette substance était donc une substance grasse, translucide, cristallisable, semblable à celle que M. Chevreul a trouvée dans les graisses des mammifères, et qu'il a nommée *stéarine*. Les liqueurs qui surnageaient les différentes cristallisations de stéarine ont été évaporées au bain marie pour en retirer l'alcohol. Les dernières parties qui passèrent à la distillation répandaient l'odeur remarquable des décoctions de cochenille, et rougissaient fortement le tournesol. On pouvait les saturer par les carbonates alcalins ; le produit de la saturation évaporée n'a pas donné de cristaux ; mais on a obtenu une matière saline, répandant encore, en se dissolvant, l'odeur de cochenille. Nous avons obtenu trop peu de cette matière pour en pousser plus loin l'examen ; nous aurons d'ailleurs occasion de revenir plus loin sur l'acide qu'elle paraît contenir.

Après avoir chassé l'alcohol par l'évaporation, il est resté dans la cornue une substance huileuse, qui, exposée au froid, a laissé déposer quelques cristaux de stéarine. Cette matière jaune, onctueuse, fluide à o, sans saveur sensible, s'unissant très-bien aux alcalis, était de l'élaïne ; second principe constituant desgraisses des mammifères ; cependant elle retenait encore un peu de principe colorant, qui lui donnait la propriété de prendre une teinte cramoisie, par l'action des alcalis. En la dissolvant dans l'éther, elle n'abandonne pas la matière colorante qu'elle retient ; mais, si on agite long-temps la teinture éthérée avec de l'eau, la matière colorante quitte l'élaïne et se dissout dans l'eau.

La prétendue matière colorante jaune de la cochenille dont il est fait mention dans quelques ouvrages n'existe pas ; on a pris pour elle de la matière grasse très-chargée de carmine. En effet, la matière grasse jaunâtre par son élaïne prend une teinte beaucoup plus foncée par son union avec une certaine quantité de carmine. De même, la carmine donne des solutions jaunes, lorsqu'elle contient de la matière grasse en proportion assez forte. La carmine jouit même de la propriété de rendre la matière grasse soluble dans l'eau. En effet, si on traite par de l'alcohol bouillant, de la cochenille, sans l'avoir précédemment soumise à l'action de l'éther, on obtient des espèces de cristaux semblables à ceux dont nous avons déjà parlé dans le commencement de ce mémoire, mais beaucoup plus chargés de matière grasse. Ces cristaux se dissolvent facilement dans l'eau et la solution est d'un jaune orangé presque rouge. En traitant ces cristaux par les moyens que nous avons indiqués, on trouve qu'ils sont formés de carmine et de matière grasse en proportion très-forte ; quoiqu'ils soient entièrement solubles dans l'eau, ils retiennent aussi un peu de matière animale.

Les faits que nous avons rapportés suffisaient pour faire connaître la nature de la matière grasse de la cochenille. Ils faisaient voir qu'elle était composée de stéarine, d'élaïne et d'un principe acide odorant, qu'elle avait par conséquent beaucoup d'analogie avec les graisses des mammifères ; cependant comme personne ne s'est jusqu'ici occupé spécialement de la graisse des insectes, nous avons cru devoir nous étendre davantage sur cet objet ; il nous a semblé surtout intéressant d'examiner l'action que les alcalis exerceraient sur la graisse de la cochenille ; et, pour opérer avec méthode, nous avons suivi une marche qui n'est pas à nous, mais qui, entre autres mérites, a celui d'avoir obtenu l'assentiment de l'académie. Ces nouvelles expériences serviront en même temps de contre-épreuve à l'analyse de la matière grasse faite au moyen de l'alcohol, de l'eau, et de l'éther.

Nous avons donc procédé à la saponification de la matière grasse, en employant à cet effet une solution aqueuse de potasse, préparée à l'alcohol. La saponification a eu lieu à chaud avec assez de facilité, et nous avons obtenu une masse assez solide dans laquelle il s'est formé au bout de quelques jours des étoiles ou végétations cristallines ; ce savon était semblable à celui qu'on obtient en traitant la graisse de porc par la potasse. Il s'unissait bien à l'eau en lui donnant un aspect opalin et la propriété de faire des bulles par l'interposition de l'air.

Ce savon, dissous dans une petite quantité d'eau, a été décomposé par l'acide tartarique ; la matière grasse, séparée de la potasse, a été reçue sur un filtre et lavée jusqu'à ce qu'elle ne fût plus acide ; les eaux de lavage ont été réunies à la liqueur filtrée et distillée dans une cornue de verre ; la distillation a été conduite jusqu'à ce qu'il ne restât que quelques onces de liquide dans la cornue. La liqueur qui avait passé à la distillation a été recueillie avec soin ; elle était incolore, légèrement acide et très-odorante.

Le résidu de la distillation était au contraire très-coloré, très-acide, et n'avait aucune odeur. La première de ces liqueurs a été saturée par la baryte ; par l'évaporation on a obtenu une substance saline qu'on a redissoute dans une petite quantité d'eau, et décomposée par une solution d'acide phosphorique très-pur, et préalablement rectifié. Il s'est sur-le-champ développé une odeur analogue à celle qui se répand lorsqu'on fait une décoction de cochenille, mais beaucoup plus forte. On a sur-le-champ distillé la liqueur dans une cornue ; le produit de la distillation était un liquide blanc-jaunâtre très-odorant, qui rougissait la teinture de tournesol et saturait très-bien les bases alcalines ; nous n'avons pu nous procurer assez de cet acide pour en étudier les propriétés. Nous sommes cependant fondés à regarder cet acide comme le principe odorant de la cochenille ; il est à la matière grasse de la cochenille, ce que l'acide butirique est au beurre, ou l'acide delphinique à la graisse de dauphin. Le résidu de la première distillation et qui, entre autres substances, devait contenir du tartrate acide de potasse, provenant de la décomposition du savon, a été évaporé à siccité au bain-marie et traité par l'alcohol absolu, qui s'est légèrement coloré en jaune par l'évaporation de l'alcohol ; nous avons obtenu une matière d'aspect sirupeux d'une saveur douçeâtre ; nous regardons cette substance comme du principe doux de Schéele.

La matière grasse, séparée de la potasse par l'acide tartarique, a été traitée par la baryte et a formé avec cet alcali un savon insoluble qui, traité par ébullition avec de l'alcohol, n'a abandonné qu'une petite quantité de matière grasse acide qui avait échappé à la saponification. Le savon de baryte a été décomposé par l'acide hydrochlorique ; la matière grasse a alors reparu. On l'a traitée de nouveau par la potasse, et le savon qui en est résulté, dissous dans l'eau et abandonné pendant quelque temps dans un lieu froid, a laissé précipiter du sur-margarate de potasse qu'on a purifié par l'alcohol; le sur-margarate de potasse a été décomposé par l'acide hydrochlorique ; on a retiré par ce moyen de l'acide margarique. La liqueur savonneuse qui, abandonnée à elle-même, ne fournissait plus de sur-margarate de potasse, étant un oléate de la même base, cet oléate a été traité par l'acide tartarique; on a séparé par ce moyen l'acide oléique qui a été repris par l'alcohol.

Ces expériences, quoique faites avec des petites quantités de matière, nous ont donné des produits assez caractérisés pour que nous puissions être certains de nos résultats ; elles nous confirment dans l'opinion que nous avons déjà émise sur la matière grasse de la cochenille, que nous regardons comme analogue à la graisse des mammifères.

Examen des cendres de la Cochenille.

Dans la série de nos expériences nous avons reconnu que la cochenille contenait, quoiqu'en très-petite quantité, quelques sels minéraux. Afin de déterminer la nature de ces sels, nous avons incinéré une certaine quantité de cochenille ; les cendres recueillies avec soin s'élevaient à un cent cinquantième du poids de la cochenille employée. En la soumettant à l'analyse par des moyens connus, et qu'il est inutile de rapporter, nous avons trouvé qu'elles étaient composées de phosphate et de carbonate de chaux d'une petite quantité de sulfate et d'hydrochlorate de potasse, et d'un peu de carbonate de la même base, provenant probablement d'une certaine quantité de potasse saturée par l'acide particulier contenu dans la cochenille que la chaleur aurait décomposée.

Résumé de la première partie du Mémoire.

Sans donner ici un résumé de tous les faits contenus dans

la première partie de ce mémoire, nous nous contenterons de rappeler les différentes substances dont la cochenille est composée ; nous n'indiquerons pas les proportions dans lesquelles ces substances s'y rencontrent, parce que ces proportions nous ont semblé varier dans différens échantillons, et que d'ailleurs on n'a pas de méthode assez exacte dans la chimie animale pour établir des proportions très-rigoureuses ; quoi qu'il en soit, la cochenille, d'après nos expériences, est composée ;

1°. De carmine ;

2°. D'une matière animale particulière ;

3°. D'une matière grasse composée de $\begin{cases} \text{stéarine,} \\ \text{élaïne.} \\ \text{acide odorant;} \end{cases}$

4°. Des sels suivans : phosphate de chaux, carbonate de chaux, hydrochlorate de potasse, phosphate de potasse, potasse unie à un acide organique.

DEUXIÈME PARTIE.

De la cochenille considérée dans son emploi dans les arts.

Il serait trop long et peut-être hors de notre objet, de nous occuper de tous les emplois de la cochenille dans les arts. L'art de la teinture en écarlate et en cramoisi, prendrait à lui seul des pages nombreuses, et dans le traité de la teinture par M. Berthollet, on trouve le précis de tout ce qui a été fait de plus important sur ce sujet ; on ne trouve au contraire, sur l'art de faire des carmins, que des recettes dont quelques-unes sont excellentes, il est vrai, et donnent de beaux produits ; mais rien de précis ni de théorique n'a été écrit sur ce sujet : c'était donc encore moins des procédés nouveaux que nous avions à chercher, qu'une explication des différentes opérations au moyen desquelles on prépare cette couleur précieuse dans l'art de la teinture, notre intention n'est pas de rien innover, mais de voir si les différentes opérations pour teindre en écarlate et en cramoisi, peuvent être expliquées d'après les principes que nous avons établis dans le commencement de ce mémoire. Mais, pour nous rendre compte de ces différentes opérations avec plus de facilité, nous croyons devoir examiner l'action des réactifs et de quelques agens chimiques sur la décoction de cochenille.

De la décoction de cochenille.

Connaissant l'action des réactifs sur les principes constituans de la cochenille, nous aurions pu prévoir ce qui se passerait dans la décoction de cochenille mise en contact avec les mêmes substances ; cependant il nous a semblé utile d'établir les faits par des expériences directes, ce qui nous a été d'autant plus facile, que nous n'avons eu qu'à répéter celles que M. Berthollet a publiées sur cet objet dans l'ouvrage déjà cité.

La décoction de cochenille contient, comme on le sait, de la carmine et de la matière grasse, et une certaine quantité de la matière animale que nous avons fait connaître. En effet, si on ajoute à cette décoction de l'alumine en gelée, la liqueur se décolore, et la carmine se précipite combinée avec l'alumine ; par l'évaporation de la liqueur, on obtient la matière animale et la matière grasse qu'on peut séparer par l'alcohol. En reprenant la laque obtenue et la distillant avec des deutoxides de cuivre, il se développe un gaz dans lequel on retrouve un peu d'azote, ce qui indique qu'une portion de matière animale se précipite avec la carmine au moment où celle-ci s'unit à l'alumine.

Tous les acides forment des précipités dans la décoction de cochenille ; mais ces précipités sont d'autant plus forts que la matière animale est plus abondante ; voilà pourquoi ils n'ont pas lieu, ou ne paraissent qu'après un certain temps, lorsque la décoction de cochenille est trop légère ou trop étendue. Les précipités sont d'un rouge généralement assez beau ; mais la teinte varie suivant l'acide employé, et sa quantité. Les sels acides, tels que le tartrate, l'oxalate acidule de potasse, produisent également des précipités dans la décoction de cochenille. Les alcalis font tourner la couleur au cramoisi sans former de précipité; ils redissolvent même les précipités formés par les acides : nous ajouterons à ces faits les considérations suivantes :

Si on ajoute à l'eau dans laquelle on fait bouillir la cochenille une certaine quantité d'alcali, alors il se dissout une quantité de matière animale beaucoup plus forte; et, lorsqu'on vient à ajouter quelque acide, il se forme un précipité beaucoup plus abondant. Ces précipités sont ordinairement d'un beau rouge; par la dessication ils prennent une couleur si foncée qu'ils paraissent bruns; mais, en les délayant dans l'eau, on leur rend leur éclat. L'alcali parait agir dans la décoction, non-seulement comme dissolvant de la matière animale, mais aussi en modifiant la matière colorante comme nous l'avons indiqué dans la première partie de ce Mémoire. Ces précipités sont, comme nous le dirons plus bas, des carmins parfaitement purs. Les sels neutres formés par la potasse, la soude et l'ammoniaque, donnent à la décoction de cochenille une teinte violette sans y former de précipité. Les sels de zinc, le sulfate de cuivre, les sels de plomb forment, dans la décoction de cochenille, des précipités violets; le sulfate de fer, un précipité brunâtre; les sels d'étain, au maximum d'oxygénation, y produisent des précipités rouges; ceux au minimum d'oxygénation, des précipités violets. Tous ces faits s'accordent avec les observations faites dans la première partie de ce Mémoire, où nous avons signalé les teintes que ces divers sels donnaient à la carmine, qu'ils précipitaient tous, quand elle contient de la matière animale, tandis qu'il n'en est qu'un petit nombre qui puissent exercer cette action sur elle quand elle est pure (1).

---

(1) L'alun forme également, dans la décoction de cochenille, un léger précipité rouge qui passe au cramoisi par un excès d'alun : ce précipité

On a enfin remarqué que la décoction de cochenille pouvait être regardée long-temps sans altération ; on sait que la carmine ne peut passer à la décomposition putride ; la matière animale au contraire se décompose très-facilement ; mais dans la décoction de cochenille, elle paraît être préservée de l'altération par son union avec la matière colorante.

Du carmin et de la laque carminée.

Les ouvrages de chimie donnent très-peu de détails sur la préparation du carmin ; plusieurs même n'en font pas mention. Klaproth, dans son *Dictionnaire de chimie*, a pourtant consacré un article à cette substance ; et le carmin, d'après sa définition, est *une couleur qu'on retire de la cochenille par le moyen de l'alun*.

Cependant, sur six procédés qu'il rapporte pour la fabrication du carmin, il en est deux dans lesquels on n'emploie pas ce sel, qu'on remplace dans l'un de ces procédés par l'oxalate acidule de potasse, et dans l'autre, par l'hydrochlorate d'étain.

D'après quelques formules, on ajoute à l'eau qui doit servir à préparer la décoction de cochenille, une petite quantité de carbonate de soude.

Le procédé qu'on *suit en Allemagne* pour faire le carmin, et qui consiste à verser une certaine quantité de solution d'alun dans une décoction de cochenille, est le plus simple de tous, et donne l'explication de la formation du carmin, qui n'est que de la carmine et de la matière animale précipitées par l'excès d'acide du sel, en entraînant une petite quantité d'alumine ; mais il paraît que l'alumine ne doit pas être considérée comme essentielle à la formation du carmin. En effet, dans un autre procédé indiqué sous le

---

bien lavé retient une certaine quantité d'alumine en combinaison avec l'acide, la matière animale et la carmine.

titre de procédé de madame Cenette d'Amsterdam, on précipite le carmin en versant dans la décoction de cochenille une certaine quantité d'oxalate acidule de potasse. On prescrit, il est vrai, dans cette opération, d'ajouter à la décoction de cochenille un peu de nitrate de potasse ; mais nous ne voyons pas à quoi peut servir cette addition d'un sel neutre. Le procédé décrit dans l'*Encyclopédie* rentre dans celui des Allemands, il n'en diffère que par l'addition de l'écorce d'autour et de la graine de chouan, qui ne sont mis, comme le remarque M. Berthollet, que pour donner plus de feu au carmin, en le faisant passer un peu au jaune.

Dans deux autres procédés décrits, l'un, sous le nom de *Langlois*, l'autre sous celui d'*Alyon*, on prescrit d'ajouter, au moment de la décoction, une petite quantité de sous-carbonate de soude : on conçoit qu'ici il doit se dissoudre une plus grande quantité de matière animale, et que, par l'addition de l'alun, le précipité doit être plus abondant ; mais il se forme de plus dans cette opération une certaine quantité de laque carminée ; car les premières portions d'alun sont décomposées par l'alcali, et l'alumine mise à nu se précipite en entraînant de la matière colorante et formant une vraie laque qui reste unie au carmin qui se forme par l'addition d'une plus grande quantité d'alun. C'est, d'ailleurs, ce que nous avons vu par l'examen chimique que nous avons fait de ces carmins.

Ce qui prouve que le carmin est une combinaison triple de matière animale, de carmine, et d'un acide, c'est que, si, dans les liqueurs qui ont servi à préparer le carmin, on ajoute un acide un peu fort, *on détermine une nouvelle formation de carmin*, par la précipitation des dernières parties de matière animale ; mais, une fois toute la matière animale précipitée, les décoctions, quoique encore très-chargées de principe colorant, ne peuvent plus donner du carmin. On peut employer utilement ces décoctions pour faire de la laque carminée, en saturant l'acide par un alcali en léger excès, et ajoutant alors de l'alumine en gelée. Les précipités que nous avons obtenus, en ajoutant des acides dans les décoctions alcalines de cochenille, sont donc des carmins dans toute la rigueur du terme, puisqu'ils ne contiennent pas d'alumine. Mais la petite quantité d'alumine qui se précipite dans la fabrication du carmin par l'alun, en augmente la masse et le poids : elle donne, en outre, un plus grand éclat à la couleur, par cela même qu'elle l'étend et l'affaiblit un peu.

On doit regarder, comme s'éloignant déjà beaucoup du carmin, les précipités formés par l'alun dans les décoctions de cochenille alcalisées.

Désirant connaître, par l'analyse, la nature des carmins du commerce de Paris, nous en avons pris chez plusieurs marchands de couleur. Cependant il paraît que ces carmins ont tous été préparés par le même procédé, car ils ont fourni les mêmes produits à l'analyse. Pour procéder à l'examen de ces carmins, nous en avons d'abord calciné une quantité déterminée : ils se sont décomposés par l'action de la chaleur, en répandant d'abord une odeur très-forte de matière animale, et ensuite une odeur sulfureuse ; il en est resté une poudre blanche s'élevant au dixième de la matière employée, et que nous avons reconnue pour de l'alumine. De nouvelles quantités de carmin ont été traitées par une solution de potasse caustique qui les a entièrement dissoutes, à l'exception d'une poudre d'un beau rouge inattaquable par la potasse et les acides concentrés, et que nous avons reconnu être du sulfure de mercure ou vermillon. Cette matière évidemment étrangère au carmin, paraît y avoir été ajoutée pour en augmenter le poids.

La solution de potasse, saturée par l'acide muriatique, a donné des flocons colorés abondans : c'était un nouveau carmin qui se reformait. En ajoutant à la liqueur filtrée un peu de muriate de baryte, nous avons eu des traces de sulfate de baryte ; mais nous nous attendions à un préci-

pité plus abondant, vu la quantité d'alumine obtenue. Il pa‑
raît donc que la plus grande partie de l'acide sulfurique se
précipite de nouveau, et qu'il entre dans la composition des
flocons carminés obtenus lors de la saturation de l'alcali.

Il suit, de ces faits et de leurs rapports avec les obser‑
vations contenues dans la première partie de ce Mémoire,
que le carmin est une combinaison de carmine, de matière
animale et d'un acide, et qu'il peut contenir une petite quan‑
tité d'alumine, sans que celle-ci soit essentielle à sa na‑
ture; que la laque est au contraire une combinaison de
carmine (matière colorante) et d'alumine pouvant retenir un
peu de matière animale qui est aussi accidentelle à sa com‑
position; mais que, par la plupart des procédés indiqués
pour obtenir des carmins, on ne fait que des mélanges de
carmin et de laque carminée, comme on peut s'en assurer
en traitant ces carmins par les solutions alcalines affaiblies,
afin de ne pas redissoudre l'alumine, ou bien en leur faisant
subir la calcination.

Nous terminerons cet article en faisant remarquer qu'on
peut faire de la laque de toute pièce, en ajoutant assez de
sous-carbonate de potasse ou de soude à la décoction, afin de
décomposer tout l'alun qu'on ajoute; il faut même éviter un
excès d'alun qui ferait virer la couleur au violet, surtout si
l'action de l'alcali sur la matière colorante n'avait pas été
assez énergique.

De la teinture en écarlate et en cramoisi.

Les observations et les expériences précédentes nous sem‑
blent de nature à jeter du jour sur l'art de la teinture en
écarlate et en cramoisi. On sait que la première se fait en
employant un bain de cochenille dans lequel on a ajouté, dans
des proportions déterminées, du tartrate acidule de potasse
et de l'hydrochlorate de deutoxide d'étain. L'effet de ces
deux sels est maintenant bien connu; le premier, en raison

de son excès d'acide, tend à rougir la couleur et à la précipiter avec la matière animale ; le second agit de la même manière ; d'abord par son excès d'acide, ensuite par l'oxide d'étain qui se précipite aussi avec la carmine et la matière animale, et se fixe sur la laine à laquelle il a lui-même beaucoup de tendance à s'unir. On remarquera que, pour avoir une belle nuance, il faut que l'hydrochlorate d'étain soit entièrement au maximum d'oxigénation ; et c'est en effet dans cet état qu'il doit être dans la solution d'étain préparée d'après les proportions indiquées dans le *Traité de la Teinture* de M. Berthollet.

On voit pourquoi dans la teinture en écarlate on évite avec soin l'emploi de l'alun, ce sel tendant toujours à faire passer la nuance au cramoisi. La présence d'un alcali nous semblerait moins à craindre : l'alcali donnerait, il est vrai, un bain cramoisi ; mais il serait facile, dans ce cas, de faire revenir la couleur en employant une plus grande quantité de tartre ; on aurait alors l'avantage d'avoir un bain plus chargé de matière colorante et de substance animale ; c'est à l'expérience en grand à décider ce point. Quant aux sels terreux, on doit les éviter avec soin ; et, si l'on n'avait que des eaux séléniteuses, ce serait peut-être le cas d'employer un peu d'alcali.

Pour obtenir le cramoisi il suffit, comme on sait, d'ajouter de l'alun au bain de cochenille, ou de faire bouillir l'écarlate dans une eau alunée ; c'est aussi avec raison qu'on recommande de diminuer la dose du sel d'étain, puisque nous avons vu qu'il s'opposait à l'action de l'alun.

Nous croyons qu'on doit rejeter les alcalis comme moyen de faire passer l'écarlate au cramoisi ; en effet, les cramoisis préparés par ce procédé ne peuvent être *bon teint*, et passent au rouge par l'action des acides.

Nous ne parlerons pas ici des autres substances qu'on associe à la cochenille dans la teinture en écarlate et en cramoisi pour nuancer les teintes et obtenir les tons qu'on désire; ces objets sortiraient de notre sujet : nous ne nous sommes proposés que de voir si les principaux phénomènes de la teinture avec la cochenille pouvaient s'expliquer par la présence et les propriétés des principes immédiats que nous avons trouvés dans la cochenille, et que nous avons fait connaître dans la première partie de ce Mémoire.

IMPRIMERIE DE FAIN, PLACE DE L'ODÉON.